我的木工初體驗

在家動手做療癒木製小物，打造幸福生活

器具、飾品、玩具

Contents 目錄

優質
生活

★

012

如何開啟木作生涯？

相信很多人對木作非常感興趣，卻被大型的電動設備嚇到了；也有很多人準備開始學習，卻不知道該購買什麼樣的工具；同樣也有很多人，購買了大量的工具，卻從來沒有使用過。

我想說的是：一把線鋸、一套銼刀、兩張砂紙、一塊木料，你就可以製作一個純手工的麵包板了。不要有負擔，在沒有入門之前也不需要買太多，找到本書中你喜歡的案例，對應裡面的工具和材料清單去買就好了，製作完成後再去補充下一個案例要用的工具和材料。等本書的案例做差不多的時候，你就是一個木作達人了。這個時候，你可以嘗試自己設計、製作你想要的物件。

**從哪裡
找來材料？**

在我的眼裡，幾乎所有看到的東西都可以作為手工材料。關鍵是要動腦筋，看看手裡的材料適合做些什麼。只要你有想法，路邊的雜草、野花、枯樹枝都可以成為你創作的材料。

當然，在剛剛開始的階段我們還是需要一些規整的材料或者半成品去製作，這個時候大家都應該感謝現代網路技術的發達。

本書所用的所有的工具和材料都可以在網路上買到。比如我要製作一個盤子，搜尋盤子木料、半成品木料等關鍵字，就會彈出一大堆你需要的木料資訊。同樣，梳子、湯匙、書籤直接輸入相關的關鍵字即可搜尋到你想要的內容。對於一些需要訂製的尺寸直接搜尋木料、訂製等關鍵字，找到賣家，跟他溝通你想要的尺寸就可以。

工作臺面如何選擇？

一說起木作，很多人就立馬想起了專業的木工設備、現代化的廠房、標準的木工桌。這些東西，如果完全具備，那是最幸福的事情了。如果沒有，我們也不需要擔心，只要有一張長桌或者長凳，配上臺鉗就可以了。

←木工桌

木工桌桌面有兩個桌鉗，配有卡榫。卡榫配合桌孔使用，常被用來固定木料，不使用時可隱藏於桌面內，使用時拔出即可。

↓臺鉗的使用

工具與材料怎麼選？

木工DIY 工具一般有電動和手工兩種。為了提高可操作性、參與性，本書中僅僅使用電鑽一件電動工具，其他均為手工工具。常見手工工具有木工夾、線鋸、夾背鋸、銼刀、鑿子、錘子、尺子、鉛筆、橡皮、棉布、手套、圍裙、口罩等。材料有木材、砂紙、膠水、木蠟油等。

木工夾

適用於木料的臨時固定，木材的精細加工，修整榫頭，木製品的預組裝等。和傳統夾具比起來，木工夾可以單手進行壓緊、釋放等操作，快速方便。

*

一般常用的鋸子 *

夾背鋸

日式夾背鋸切面光滑，適合鋸切榫頭、加工燕尾榫等精密的操作。因為鋸片非常薄，所以柔軟的鋸片被夾背固定住。

使用夾背鋸關鍵是沿著切割面從上至下筆直切割。夾背鋸朝向內側拉鋸時，下壓力用三成，拉鋸力用七成左右，切割會更輕鬆。

線鋸

線鋸又稱拉花鋸，適合複雜的曲線。鋼制的鋸弓有著較高的強度，同時能繃緊鋸條，保證穩定性。

線鋸安裝

先夾尾部，將鋸條塞進尾部的孔內，用力扭緊。

鋸條安裝應注意一下鋸條的方向，鋸齒有上下之分，鋸齒向下的方向向著手柄。

裝手柄處，這時要做一個拉弓的動作，就是把線鋸向下壓，然後卡緊螺絲，這樣當鬆開時，鋸條會自然繃緊。

裝好後如果鋸條會鬆，說明螺絲沒有裝緊，需要用鉗子輔助夾緊。

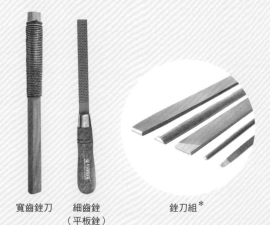

寬齒銼刀　細齒銼
（平板銼）　　　銼刀組*

銼刀

本書用到的主要是寬齒銼刀、細齒銼（平板銼）、鑽石銼刀組。寬齒銼刀主要去除木皮或修整比較粗糙的表面，平板銼主要用於塑形，鑽石銼刀組主要適用於製作小件、精細部位加工等。

鑽石銼刀組一般包含：扁銼、方銼、三角銼、圓銼、半圓銼、尖頭扁銼等。

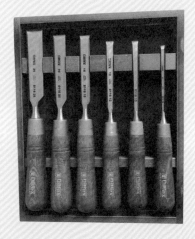

手工鑿（扁鑿）套組

本書小物件製作使用的為扁鑿套組，主要用於切、修整及成型，通常用來去掉不需要的部分。鑿刀在使用過程中既可以用手推切，也可以用橡膠錘或木槌輔助。一般有6，8，10，12，14，16，18，20，25mm 等規格。

鐵鎚在木作製作上亦是常用的工具*

＊以上部分商品為特力屋好物嚴選，請依現場款式為主。

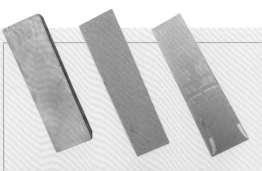

鑿刀研磨

如果鑿子不夠鋒利，就需要進行研磨。磨刀石使用前應提前浸泡在水中，用夾具將其固定在檯面上，以防止磨刀石在研磨過程中移動。

❶ 把鑿子放在磨石上，與磨刀石一般成25°左右。

固定好角度，右手握住刀柄，左手的兩個手指有控制地壓在刀刃上，然後在磨刀石上以畫8字的方式重複研磨。

及時觀察被研磨的刀刃是否均勻。如果有不均勻的地方，就用手指按住這一邊，以便更多磨除這一邊的金屬。

❷ 繼續這樣研磨，直到沿著整個刃口都形成飛邊。把鑿刀翻轉並平放在磨石上，以拉的動作研磨。

❸ 磨掉飛邊後，可以換用更細的磨刀石，重複以上步驟。

❹ 測試一下效果，研磨好的鑿刀應當很容易鏟削木頭，甚至可以切斷手上的汗毛。

畫線工具

製作過程中有的作品需要標注、畫線，需要準備鉛筆和各種尺規來輔助畫圖。對於愛好者來說不需要一次性購置太多，鉛筆和活動角尺基本就可以滿足需求。

活動角尺*　　鉛筆　　角度尺規*

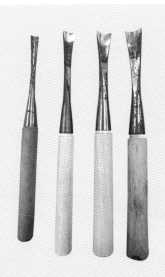

打坯刀（圓弧刀）

打坯刀在本書中主要用於挖勺、盤等，刃口為弧形且微微上翹，可以很好修整出勺、盤的形狀。有不同的型號可以選擇。

砂紙

砂紙主要用於物體表面研磨和拋光，常見的砂紙按照粗細程度可分為80，120，180， 240，320，400，600，800，1000， 1200，1500，2000，2500，3000， 5000，7000 號等。一般木材常用的為180，240，320 號。

砂紙用502膠水黏在其他木塊上握持進行研磨，力度更均勻，使用也更方便。

＊

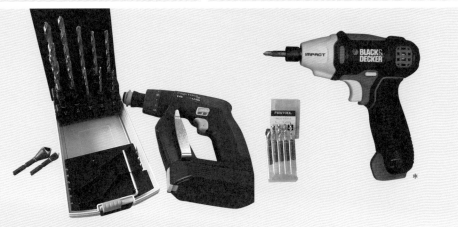

＊

電鑽

電鑽在本書中主要用於打孔、擰螺絲和打沉孔。根據需要將相應鑽頭安裝到電鑽末端固定即可使用。起子鑽頭用於旋轉螺釘，鑽孔鑽頭用於打穿整潔平滑的孔洞，麻花鑽頭則在根據直徑打孔安裝螺釘時使用。

電鑽可以用來鑽螺釘孔、螺帽孔，固定螺釘，而做這些，只需要更換鑽頭即可。鑽孔時注意保持鑽口的垂直，從正上方對準木材緊緊擠壓。鑽孔時工件下方墊木料以保護檯面。

＊以上部分商品為特力屋好物嚴選，請依現場款式為主。

膠水

木工膠

木工膠主要應用於木材與木材的黏合。

溢出的膠水如果殘留在工件上會留下斑痕，而且很難清理。因此，在木工膠未乾之前，用濕潤的毛巾擦掉。

聚氨酯液體膠（發泡膠）

可以黏接金屬、陶瓷、大多數的塑膠、石頭及其他有孔和無孔的材料。在塗膠後只要夾住45 分鐘即可，100% 防水。

需要注意的是此款膠水在乾固過程中會有發泡現象，在沒有使用夾具的情況下，留意材料之間的位移。書中主要用於木材與金屬的黏接。

修補黏合膠（強力快乾膠）

快乾膠在常溫下可以快速固化，使用非常便捷，黏合力強。可以黏接各類木材、人造板、塑膠等。施膠時一定要確保施膠面平整、光滑、無灰塵，方能使膠合力發揮到最大強度。黏貼物體只需要10～15 秒鐘即可，適合不好使用夾具固定或需要快速黏接的情況。

白膠*

502 膠水（三秒膠）

本書中，主要用502 膠水把圖紙黏在木材上，方便讀者操作。

木蠟油

魯班木蠟油*

木蠟油適用於木材處理和維護（特別是對家具和玩具），對木材達到保護作用。

棉布

棉布適用於木器的表面處理，應當選擇吸水性、吸油性、灰塵吸附性強的產品。

手套

為保證操作過程中手部的靈活性和精確性，應該選用表面帶膠粒的純棉手套。既能保證手部靈活性，又可以起到防割傷的作用，表面的膠粒還可以防止手握工具的時候打滑，非常適合手工木作。

防護手套僅限在手工木作中佩戴。使用電動工具時，禁止佩戴手套，以防被機器捲入造成意外。

木工圍裙

木工DIY 的防護，進行切割、刷塗等工作時防止污染衣服。同時，不同的口袋滿足木工中攜帶工具的需求。

口罩

加工木材的時候會產生粉塵，我們需要佩戴口罩。木工口罩可有效阻止粉塵的吸入。

＊以上部分商品為特力屋好物嚴選，請依現場款式為主。

優質生活

麵包板

⬜️ 準備工作

【工具和材料】

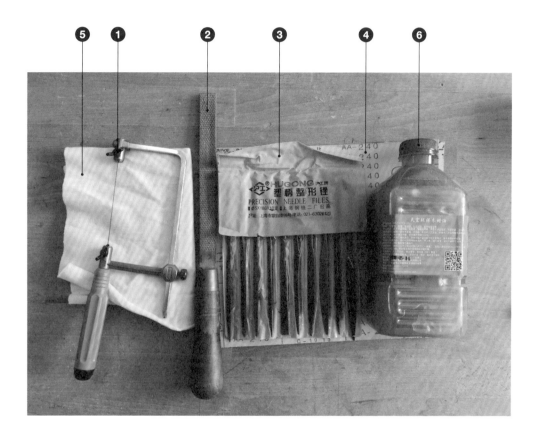

① 線鋸一把

② 扁平型銼刀一把

③ 鑽石銼刀組一套

④ 砂紙（180 #、240 #各一張）

⑤ 棉布一塊

⑥ 木蠟油或食用油少許

其他：電鑽、502 膠水、胡桃木或櫸木一塊

⬚ 製作步驟

01 將隨書附贈的麵包板圖紙剪下來，準備好木料和502膠水。

02 用502膠水把圖紙黏在木料上面。

03 按圖紙孔位，使用電鑽在木料上打孔。

Note ───────────

- 考慮到讀者對尺寸要求不同，本書提供不同尺寸的麵包板圖紙。讀者可以根據自己的情況選擇合適的圖紙尺寸剪下使用。

- 不好鋸切時，可以在工作臺上換個方向夾持再繼續操作。

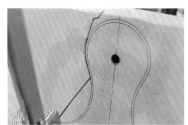

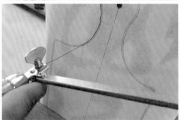

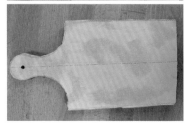

04 打孔後將木料夾持在工作臺上，沿圖紙的形狀進行鋸切，直至鋸切完成。

05 使用扁平型銼刀修整外形。

06 更換合適的銼刀研磨圓弧部分。

07 修整好外形後將圖紙撕掉，不容易撕掉的地方可以用砂紙清理。

08 用180 #和240 #砂紙依次研磨。研磨時，注意貼板邊緣弧線處理，儘量讓線條優美、光滑，無毛刺。

09 塗上木蠟油或食用油，用棉布塗抹均勻。

木鏟

記憶中，
每次回家一進門就能聞到飯菜飄香。
幸福就是廚房裡傳來炊煮的味道。
讓我們為家人製作一把木鏟吧。

◸ 準備工作

【工具和材料】

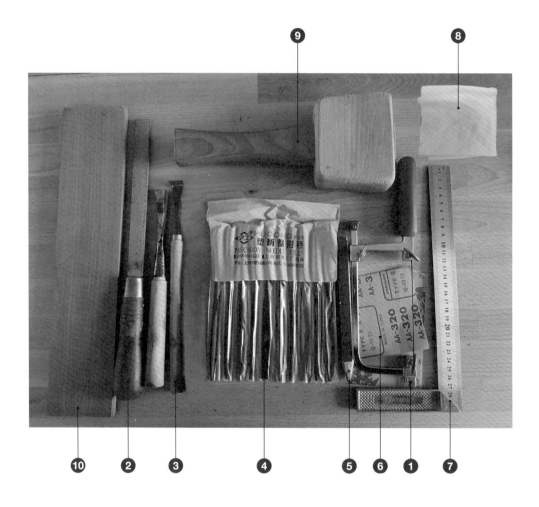

❶ 線鋸一把

❷ 扁平型銼刀一把

❸ 打坯刀（圓弧刀）兩把

❹ 鑽石銼刀組一套

❺ 木工鉛筆

❻ 砂紙（120 #、240 #、320 #各一張）

❼ 角尺一把（也可用活動角尺）

❽ 棉布一塊

❾ 木槌一把

❿ 380mm×80mm×15mm 紅檀香木料一塊（可以使用櫸木、紅豆杉、黑胡桃等其他木材替代）

其他：食用油少許

⎍ 製作步驟

01 取出事先準備好的木料，使用木工鉛筆和尺在木料上繪製木鏟的形狀。

04 不好修整的地方可以用較粗的砂紙（80 #或者120 #）來研磨。

02 使用夾具將木料固定在工作臺上，木鏟頭部位置可以墊一小塊木料來保護。

05 將木料拆下，調整方向，重新夾持。按照繪製的形狀，使用線鋸把多餘的木料切割下來。

03 使用打坯刀剷除鏟子頭部中間多餘的木料。

Note ────────────────

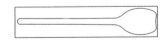

• 對自己的繪圖缺乏自信的讀者可以使用隨書附贈的圖紙，將圖紙用502膠水貼在木料上。

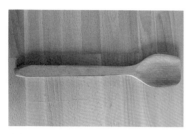

06 切割後木鏟的輪廓基本定型，接下來就是曲線的修整。

09 接下來就是最耗時間的研磨了，先使用120 #的砂紙粗磨，再依次使用240#、320 #的砂紙精磨。

07 使用扁平型銼刀修整木鏟的外形，修整時注意力度並及時調整木鏟上下的位置，為防止用力不當導致木鏟斷裂，細節的部分可以使用整形銼進行修整。

10 研磨之後滴少許食用油，用棉布或棉紗塗抹均勻。

08 修整之後整體的弧線圓潤許多。

成品
展示

三角點心盤

角落裡，
一塊三角形的黑胡桃木料靜靜躺在那裡。
有一塊不小的裂紋。
估計製作傢俱是不能用了，
索性拿過來做個小玩意。

準備工作

【工具和材料】

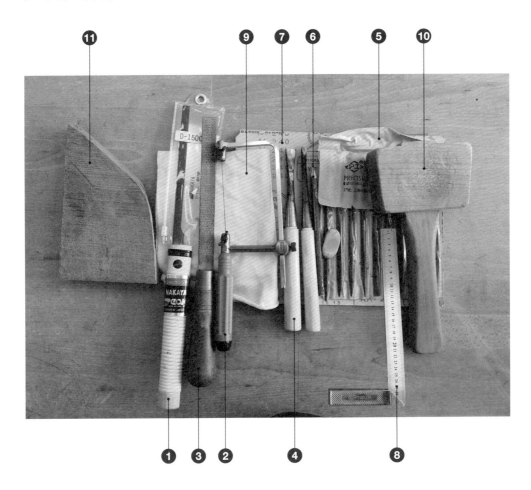

1 夾背鋸（框鋸也可）

2 線鋸一把

3 扁平型銼刀一把

4 打坏刀兩把

5 鑽石銼刀組一套

6 木工鉛筆

7 砂紙（80 #、120 #、240 #、320 #各一張）

8 角尺一把

9 棉布一塊

10 木槌一把

11 黑胡桃木一塊（可以使用櫸木等替代）

其他：食用油或木蠟油少許

⌂ 製作步驟

01 取出事先準備好的木料，使用木工鉛筆和尺在木料上繪製盤子的形狀。繪製時注意避開木材的裂紋。

03 鋸好的木料水平固定在工作臺上，使用打坯刀剷除盤子內部多餘的部分。注意由四周向中間鏟，可以保留刀痕，營造肌理效果。

02 使用夾具將木料固定在工作臺上，使用框鋸（或夾背鋸，木料較薄時可使用線鋸）鋸出盤子的輪廓，注意頂點不要鋸得太光滑，否則夾持時容易打滑。

04 盤子豎起來固定，使用銼刀修整盤子底部的外形。

05 不好修整的地方可以用較粗的砂紙（80 #或者120 #）來研磨。

07 塗上木蠟油或食用油，用棉布塗抹均勻。

06 形狀定好之後依次用240 #，320 #的砂紙拋光。

成品
展示

準備工作

【工具和材料】

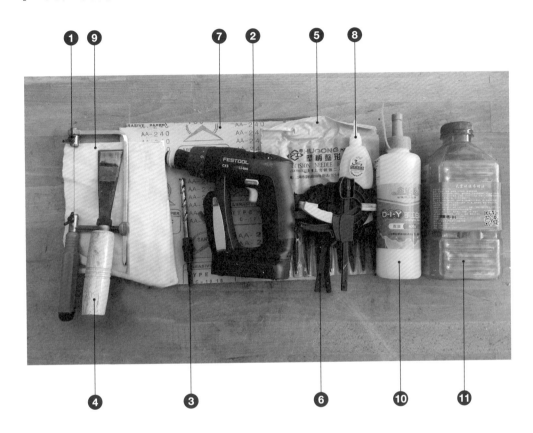

① 線鋸一把

② 電鑽一把

③ 鑽頭一根（可以穿過鋸條即可）

④ 鑿刀一把

⑤ 鑽石銼刀組一套

⑥ 木工夾

⑦ 砂紙（180 #、240 #各一張）

⑧ 502 膠水

⑨ 棉布一塊

⑩ 木工膠水

⑪ 木蠟油少許

其他：A.櫸木料一塊（厚度25mm，尺寸根據想要製作的盒子大小而定）

B.緬甸黃花梨木板（可用黑胡桃等其他木料代替，厚度5mm）

⌂ 製作步驟

01 選擇一塊合適的櫸木（也可以使用其他木料來代替）。

02 將隨書附贈的圖紙剪下來，使用502膠水黏在木板上。

03 使用電鑽沿兩顆心的內側分別在木料上鑽孔。

04 將線鋸一邊的鋸條拆下來，穿過孔位。

05 擰緊鋸條，開始鋸切。鋸出一邊的心形。

Note ——————————

• 如果手擰轉力度不夠，用鉗子輔助轉緊。

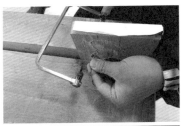

06 另一側使用同樣的方法進行鋸切。

07 鋸切完畢。

08 將木料夾在工作臺上固定，使用銼刀進行修整。使用銼齒比較鋒利的毛銼或扁平型銼刀修整大致的形狀。

Note ─────────────

• 為防止木頭在修整過程中斷裂，儘量一手按住木料，一手使用銼刀。

09 使用較細的銼刀進行修整，並根據工件的外形更換銼刀。

11 將研磨好的工件放在底板木料上，用筆描出盒子的外輪廓。

10 使用砂紙（180 #、240 #均可）進行研磨。

Note ─────────

• 繪製輪廓的目的在於方便施膠後定位。

12 在心型的底部塗抹木工膠。

13 沿著畫好的輪廓線把心型和底板黏在一起。

14 使用夾具夾緊。

15 使用濕毛巾將溢出的膠水擦乾淨。

Note ——————————

· 施膠時應留意用量，儘量都塗到，但是不要溢出太多。

· 膠水在乾燥之後很難處理，所以夾緊後直接用濕潤的毛巾擦乾淨是最明智的做法。

16 24 小時後將工件取下，在工作臺上夾緊。使用線鋸將底板沿心型的輪廓線進行切割，直至切割完成。

17 使用鑿刀對底板進行修整。

18 使用240 #砂紙進行研磨。

19 用棉布或棉紗蘸取適量木蠟油進行表面處理即可。

我的木工初體驗

成品
展示

木湯匙（驕傲的小貓）

閒來無事，製作了一個小貓形狀的掛木湯匙，
米寶見了說：媽媽，這隻小貓尾巴翹這麼高，它好驕傲啊。
為此，這把木湯匙子的名字就叫"驕傲的小貓"吧。
當然，媽媽告訴了米寶：尾巴翹這麼高是有原因的，
要掛在杯緣上防止木湯匙掉下去。

準備工作

【工具和材料】

① 線鋸一把

② 圓弧刀（也可以購買專業的挖木湯匙刀）

③ 鑽石銼刀組一套

④ 木工鉛筆

⑤ 砂紙（120 #、240 #、320 #各一張）

⑥ 木槌一把

⑦ 紅木木料一塊（可以使用櫸木、紅豆杉等替代）

⑧ 棉布一塊

⑨ 木蠟油或食用油少許

⟦製作步驟⟧

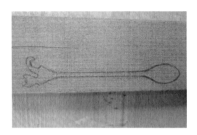

01 取出事先準備好的木料,使用木工鉛筆和尺在木料上繪製木湯匙的形狀。

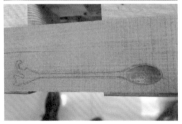

02 在工作臺上把工件固定好,使用圓弧刀挖出木湯匙的凹陷部分。

03 將工件換個方向夾持,使用線鋸沿線鋸出木湯匙的輪廓。

Note ─────────────

• 若沒有專業木工桌,也可以在工作臺上用木工夾夾住工件,或者安裝臺鉗。

• 本例提供圖紙。

04 使用鑽石銼刀組，不斷修整木湯匙的外形，直到滿意為止。

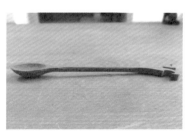

05 銼刀修整後，外形如圖所示。

Note

• 木湯匙外形纖細，一定要一手捏住工件、一手操作，同時把握好力度，以防止斷裂，導致前功盡棄。

• 對於曲線部分，應當隨時更換合適形狀的銼刀，才能保證修整的外形曲線流暢、順滑。

• 若使用銼刀沒有把握，不要急於求成，稍微粗糙的地方，可以用120砂紙慢慢研磨。

06 先使用120 #的砂紙，繼續修整不滿意的地方，小貓的造型、木湯匙柄、木湯匙頭部，一步步耐心研磨。

07 再依次使用240 #、320 #的砂紙進行研磨，直至研磨完成。

08 使用棉布蘸取少量食用油，進行塗抹即可。

成品
展示

普洱茶刀

三兩好友
烹茶暢敘
便是美好人生

準備工作

【工具和材料】

① 電鑽一把

② 鑽頭兩隻（鑽頭按照購買的配件尺寸確定）

③ 扁平型銼刀一把

④ 鑽石銼刀組一套

⑤ 砂紙（180 #、240 #、320 #各一張）

⑥ 木工夾

⑦ 刀柄料兩塊（本例使用紫光檀，也可以使用其他紅木替代）

⑧ 發泡膠

⑨ 紙膠帶

⑩ 木蠟油少許

⑪ 茶刀配件

🔲 製作步驟

01 取出事先準備好的木料，將刀柄放在其中的一塊木料上對齊。

02 裝好和刀柄孔相合的鑽頭，用力按住刀柄和木料鑽孔。

03 兩塊木料對齊疊放，打好孔的木料放在上面，繼續鑽孔。確保兩塊木料孔位完全一致。

04 孔內塗抹發泡膠。

05 將銅棒和銅管塞進刀柄孔內。

Note ————————

• 打孔時，一定要保持鑽頭與木料垂直，下面墊一塊墊板，防止損傷工作臺面。

06 在刀柄木料上均勻塗抹發泡膠。

07 裝上刀柄。

08 繼續塗膠水。

09 另一塊木料也要裝好。

10 使用木工夾或其他夾具夾持1小時左右。

11 1 小時之後基本乾燥，將木工夾拆下。

12 將工件固定在工作臺上，使用銼刀開始整形。這是耗時較長的工序，要耐心、精細。

13 接口的位置，可用鑿刀進行修整。

14 用銼刀繼續修整。

15 基本整形完畢。

16 為了保護雙手和刀刃，用紙膠帶將刀刃纏住。

17 捏住刀刃，依次用砂紙180 #、240 #、 320 #進行研磨。

18 研磨後，使用棉布蘸取適量木蠟油進行塗抹。完成後將紙膠帶拆除即可。

成品
展示

茶友們的福利，除了茶刀，
按照操作步驟還可以製作茶針、茶匙等茶道配件。

復古筆記本

準備工作

【工具和材料】

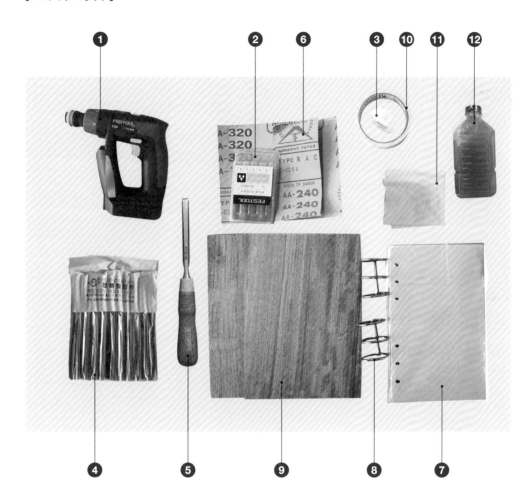

① 電鑽一把

② 鑽頭一根（3.5mm）

③ 502 膠水

④ 鑽石銼刀組一套

⑤ 鑿刀一把

⑥ 砂紙（240 #、320 #各一張）

⑦ 6 孔筆記本內頁紙一本（約 80 頁，本範例選用

B5 尺寸，讀者可根據個人喜好自行調整大小）

⑧ 3 環活頁圈20mm 兩個

⑨ 木板兩塊（大小應比選擇的紙張稍大，厚度控
制在3mm 左右）

⑩ 紙膠帶

⑪ 棉布一塊

⑫ 蜂蠟或木蠟油少許

製作步驟

01 將準備好的筆記本內頁紙取出一張，使用502 膠水黏在其中一塊木板上。

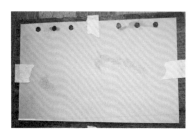

02 將兩塊木板重疊，使用紙膠帶黏在一起。

03 使用電鑽在孔眼的位置鑽孔。

04 繼續打孔，直至6 個孔全部打完。

05 用鑿刀修整兩塊木板，使它們輪廓一致。

06 使用銼刀去除木板的棱角，使筆記本四角造型圓潤光滑。

Note ————————

• 鑽孔時注意壓緊木料，同時，木板下面墊木料，防止損壞工作臺。

07 撕掉紙膠帶。

10 塗抹完使用乾布擦除多餘木蠟油，並放置一段時間靜待木蠟油被木材吸收完全。

塗抹前　塗抹後

08 依次使用240 #、320 #砂紙對兩塊木板分別進行研磨，直至表面光滑無毛刺。

09 使用棉布蘸取適量木蠟油塗抹木板正反面。

11 將活頁圈穿過線圈孔，裝好實木封面和內頁，再扣好。復古筆記本就製作完成了。

我的木工初體驗

名片盒

✏️ 準備工作

【工具和材料】

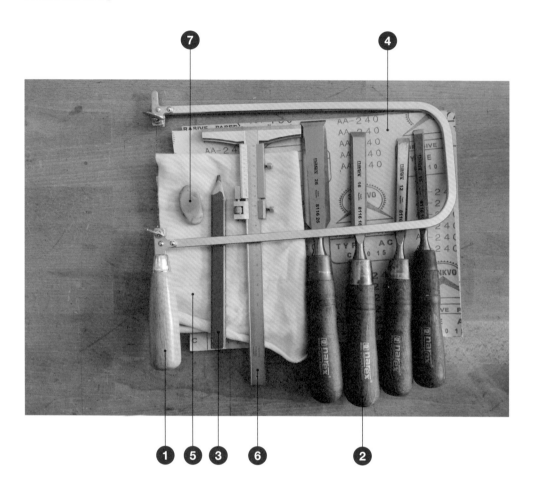

① 線鋸一把

② 鑿刀套組

③ 木工鉛筆

④ 砂紙（240 #、320 #各一張）

⑤ 棉布一塊

⑥ 木工尺一把

⑦ 橡皮

其他：90mm×55mm×22mm 木料一塊（ 若製作隨形的名片盒，需確保木料寬度為 90mm 即可），木蠟油少許

製作步驟

01 取出事先準備好的木料，使用木工鉛筆和尺在木料上畫線。

02 鋸切的部分用"X"標識。

03 用線鋸進行切割。

04 用鑿刀進行修整。

05 修整後使用砂紙進行研磨。

06 塗抹適量木蠟油。

玫瑰擴香花

解鎖七夕過節模式，
和家人共同製作一朵永不凋謝的玫瑰花，
滴上精油就可成為擴香花，
很適合作為節日的禮物。

準備工作

【工具和材料】

❶ 長刨刀一把（可不用）

❷ 剪刀一把

❸ 噴水壺

❹ 熱熔膠槍

❺ 松木一根（用於製作木皮）

❻ 熱熔膠條

❼ 乾樹枝（大小、粗細可根據要製作的玫瑰花大小來確定）

Note ────────

• 若不會使用長刨刀，又想嘗試本例的讀者可直接購買厚度為0.2mm 左右的天然木皮來製作，市場上有多種木皮種類可挑選製作成不同花色。

製作步驟

01 取出事先準備好的松木，夾持在工作臺上，用長刨推出刨花。

03 使用噴水壺噴水，將刨花打濕。

02 選用形狀較為規整的刨花。

Note

- 推刨前要先磨好刨刃，確保刨刃足夠鋒利，並調整到合適的厚度。若沒有木工基礎的讀者，可以自行略過此步驟，直接購買木皮即可。

- 噴水的目的在於刨花濕潤後不容易裂開，更容易進行加工。

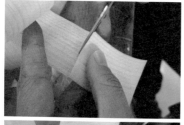

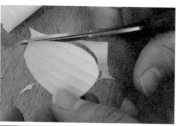

04 將刨花剪為小塊。

06 按照同樣的方法繼續修剪。

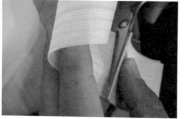

05 修剪出花瓣的形狀，並在花瓣的根部剪開一個小孔。

07 插上熱熔膠槍，等待幾分鐘後熱熔膠開始融化。

Note ─────────────

• 根據自然形態，花瓣應當有大有小，不可將所有的花瓣裁剪成同樣大小。

08 取一根刨花撕成細細的一條,用熱熔膠固定在樹枝頂端,並纏繞成花苞的形狀,然後剪斷。

09 花苞製作完成後,開始製作花瓣。花瓣根部小孔一側點膠,用另外一側壓緊。

10 將多餘的部分剪除,修整好花瓣的形狀。

Note ────────────

● 製作花苞時,每纏繞一圈都要施膠,並壓緊。注意花苞的層疊形狀。

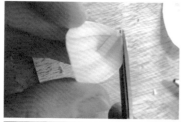

11 重複步驟9 和步驟10，做好所有的花瓣。

13 第一層結束後，緊接著選取稍大一些的花瓣黏第二層。

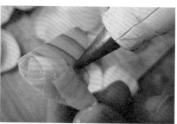

12 將花瓣黏在花苞上，每一層4～6瓣。

14 繼續黏，一直黏到適當的花型大小即可。

Note ————————

• 製作好的花瓣應當是稍微內扣的形狀。

• 每個花瓣要壓住前面的花瓣一些才顯得更為自然。

Note ────────────

• 將精油噴灑至花瓣上，放在室內即為玫瑰擴香花。

────────────

成品
展示

飾品

手鐲

時光若水，無言即大美。
日子如蓮，平凡即至雅。
溫潤繞腕，心暖向陽，
人生便是四季如春，花開不敗。

準備工作

【工具和材料】

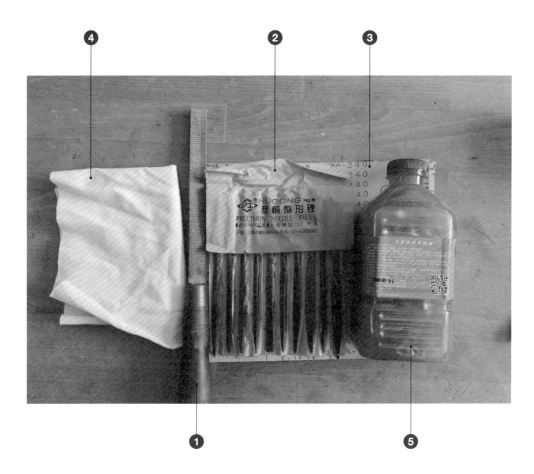

① 扁平型銼刀一把

② 鑽石銼刀組一套

③ 砂紙（180 #、240 #、320 #、600 #、800 #、1200 #、1500 #各一張）

④ 棉布一塊

⑤ 木蠟油少許

其他：手鐲木料一件

Note ————————————

● 手鐲心的木料千萬不要丟掉，可以留著做下一個小物件——平安扣。

01 取出事先購買的手鐲木料，夾持在工作臺上。

02 用扁平型銼刀修整手鐲的外形。

03 為了使內部更貼合弧線，可以更換圓形的銼刀。

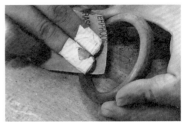

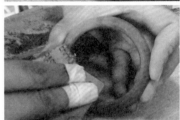

04 適時地更換銼刀，確保做工的精
細度。

05 使用180#的砂紙做最後的整形，
使手鐲弧線圓潤流暢。

Note

- 這一階段耗時較多，一定要耐心、細心。研磨時，應一手握緊手鐲，一手研磨，
  防止手鐲斷裂。當然，萬一不小心斷裂，可以參考UV膠吊飾的做法，製作一個UV
  膠手鐲也是一個不錯的主意。

- 鐵杵總能磨成針，一定要有耐心。操作過程中，可以使用紙膠帶、OK繃等材料來
  保護手指，也可以直接購買手指套。

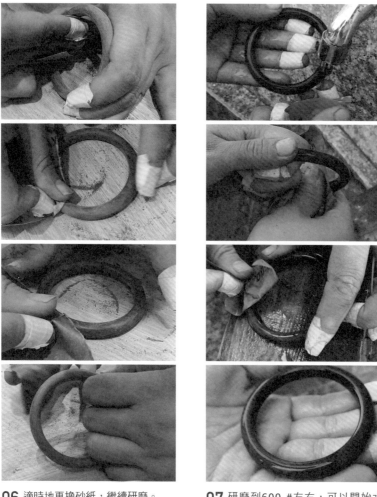

06 適時地更換砂紙，繼續研磨。

07 研磨到600 #左右，可以開始水磨。

08 乾燥後塗上木蠟油即可。

成品
展示

平安扣

外圓天地遼闊，內圓寧靜致遠。
做一枚平安扣，佑親友平安。

準備工作

【工具和材料】

① 電鑽一把

② 導角鑽

③ 線鋸一把

④ 扁平型銼刀一把

⑤ 雕刻刀（丸口）兩把（一大一小）

⑥ 鑽石銼刀組一套

⑦ 木工鉛筆

⑧ 砂紙（120 #、240 #、320 #、400 #、600 #各一張）

⑨ 角尺一把

⑩ 棉布一塊

⑪ 木槌一把

⑫ 剪刀一把

⑬ 手鐲芯木料一塊

⑭ 吊墜繩一條

⑮ 珠佩一個（直徑8mm）

⑯ 木蠟油少許

其他：打火機

製作步驟

01 取出事先準備好的木料，準備好電鑽和導角鑽。

02 安裝好導角鑽，在木工件兩面打沉孔。

03 將工件夾持在工作臺上，使用扁平型銼刀修整外形。

04 換個方向進行夾持，修整（同步驟3）。

05 使用雕刻刀修整弧線。

06 另一面使用同樣的方法（同步驟5）製作。

07 接著開始研磨，使用120 #的砂紙進行研磨。

08 把砂紙捲在圓形銼刀或者其他合適的工具上，研磨中間的圓孔。

09 依次用240 #、320 #、400 #、600 #的砂紙研磨。

11 取出配繩和串珠,將串珠穿在配繩上。

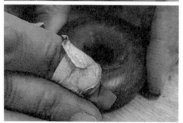

12 繩子穿過中心並打結。

10 研磨光滑後,塗抹木蠟油。

13 剪斷多餘的繩子,並用打火機燒一下。

小魚梳

結髮同心，以梳為禮。
贈手作梳子一把，願青絲白髮與君相守。

準備工作

【工具和材料】

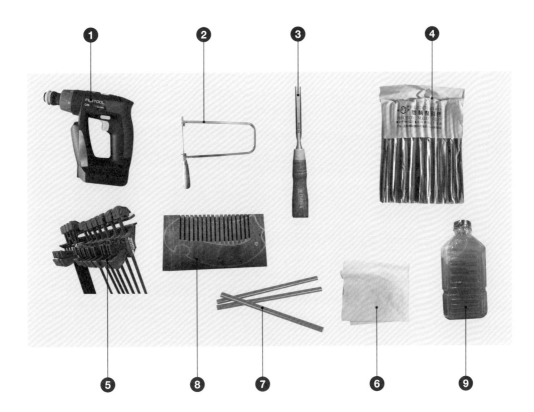

① 電鑽一把
② 線鋸一把
③ 鑿刀一把
④ 鑽石銼刀組一套
⑤ 快速夾
⑥ 棉布一塊

⑦ 木工鉛筆
⑧ 梳子木料一件
⑨ 木蠟油少許

其他：砂紙（180 #、240 #、400 #、600 #、
800 #、1000 #各一張）

⎣⎤ 製作步驟

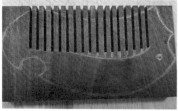

01 取出事先準備好的梳子木料，在木料上繪製出小魚的形狀。

04 鋸梳子的外輪廓線。

02 使用線鋸，沿線切割。

05 換個方向夾持，進行切割。

03 梳齒也同樣使用線鋸切割。

06 繼續切割。

Note

• 如果喜歡其他的造型，也可以根據自己的心意繪製想要的形狀。

• 本例提供圖紙。

07 用電鑽在魚眼睛的位置打孔，鑽孔時注意下面墊木塊。

我的木工初體驗

08 打孔完畢，可以看出梳子的基本
形狀。

09 將木料夾持在工作臺上，使用圓
形銼刀研磨內凹部分。

10 用快速夾將木料水平固定在工作
臺上，使用鑿刀修整梳子的造
型。

11 修整時，主要梳齒的形狀應當圓
潤，此階段需耐心、細心地一個
一個修整。

12 使用180 #的砂紙研磨梳子的外形。

13 將木料夾在工作臺上,使用180 #砂紙疊成條狀來回研磨,注意梳齒根部的造型。

14 更換240 #砂紙進行研磨。

15 使用400 #砂紙進行研磨。若想要追求更好的手感,可以繼續使用600 #、800 #、1000 #甚至更高號數的砂紙依次進行研磨。

16 研磨完畢,用棉布蘸取木蠟油塗抹即可。

◄►—► UV膠墜飾 ◄—◄◄►

準備工作

【工具和材料】

- ❶ 鐵錘一把
- ❷ 線鋸一把
- ❸ 電鑽一把
- ❹ 鑽頭一根（3.5mm）
- ❺ 鑽石銼刀組一套
- ❻ 圓規一個
- ❼ UV膠模具一件
- ❽ 量杯
- ❾ 環氧樹脂膠一組

- ❿ 調色染劑（根據個人喜好選擇合適的顏色）
- ⓫ 紅木木料
- ⓬ 砂紙（240 #、400 #、600 #、800 #、1200 #、1500 #、2000 #、3000 #各一張）
- ⓭ 木蠟油

其他：剪刀、 繩子、 引線、打火機、牙膏少許、6mm 裝飾圓珠，吊墜掛繩

01 選擇合適的木料。因為要製作斷面的效果，所以選擇較大的一塊木料來製作。

02 將木料夾在工作臺上固定好，使用線鋸在兩側鋸出缺口。

03 使用鐵錘猛力錘擊，使木料斷裂，形成斷面。

04 將斷裂後的木料放入模具中。

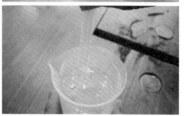

05 按照產品說明中的體積比，分別將環氧樹脂膠A 和B 倒入量杯，反覆攪拌，直至均勻，無氣泡。

06 打開調色染劑，向量杯中滴入想要的顏色，一定要控制用量，不宜太多。滴入色精後繼續攪拌均勻。

07 將調配好的UV膠倒入模具，靜置
24 小時，等待凝固。

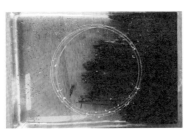

08 24 小時後從模具中取出。

09 因為要製作的是正圓形吊墜，所
以用圓規畫出大概的圖形。

10 用夾具夾持工件，使用線鋸鋸出
形狀。

11 使用銼刀修整吊墜的外形。

Note

- 可以選擇加入亮粉、花瓣或者其他東
西，來達到你想要的效果。
- UV膠凝固後表面光滑不容易繪製，
可以先用粗砂紙大略粗磨一遍，再進
行繪製。

12 用240 #砂紙繼續修整，研磨，直至磨到想要的形狀。

13 依次使用400 #、600 #、800 #砂紙繼續研磨。

14 選擇合適的鑽頭進行打孔，孔的大小和吊墜的大小相適應即可，沒有嚴格的限制。

Note ―――

• 鑽孔時應注意電鑽與工件保持垂直，下面墊子，防止鑽孔時損傷工作臺面。

15 打孔後，依次使用1200 #、1500 #、2000 #、3000 #砂紙進行水磨。

16 使用3000 #砂紙砂磨的效果。研磨拋光完成後，穿上掛繩即可。

Note ————————————————

• 沾水研磨，可以使墜飾更加光滑細膩。

• 如果想要更好的效果，可以依次使用5000 #、7000 #砂紙繼續進行研磨拋光，也可使用棉布蘸取牙膏或專業拋光膏反復揉搓、擦淨， 以達到鏡面效果。

成品
展示

玩具

飛機

飛機的製作步驟非常簡單，
可以和小朋友們來共同製作，
享受溫馨、獨特的親子時光。

🛠 準備工作

【工具和材料】

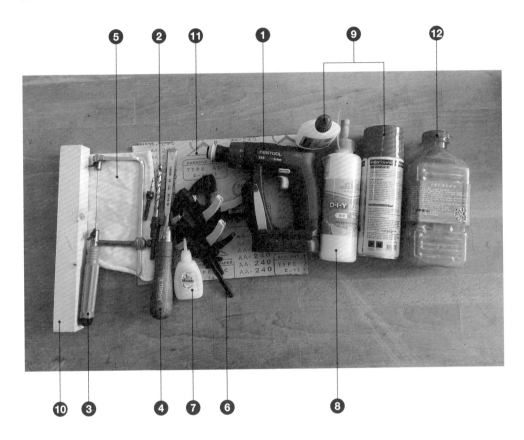

1 電鑽一把

2 鑽頭2 根（8mm、3mm）

3 線鋸一把

4 鑿刀一把

5 棉布一塊

6 木工夾4 個

7 502 膠水

8 木工膠

9 修補黏合膠（強力快乾膠）

10 墊木一塊（墊木長度應當大於飛機成品的長度）

11 240 #砂紙

12 木蠟油少許

其他：紅檀香木料兩塊（厚度一塊為16mm，一塊為4mm）

※註：502膠即為透明防水瞬間膠。

製作步驟

01 選取兩塊合適的木料, 一塊
16mm 厚的作為機身的材料,一
塊4mm 厚的用來製作飛機的翅膀
和尾翼。

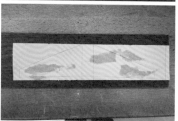

02 將隨書附贈的圖紙分別剪下來,
使用502 膠水黏在木料上。

Note

• 為確保準確度,使用線鋸時,可以多
保留一點空間,然後再進行修整。

03 將木料夾在工作臺上,使用線鋸
沿輪廓線鋸出機身的形狀。

04 機翼和尾翼的水平穩定面和垂直
穩定面使用同樣的方法鋸製。

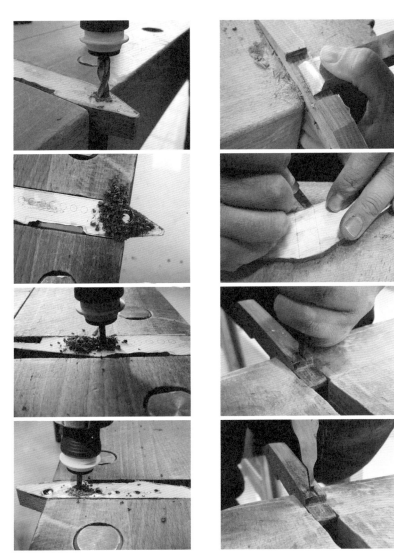

05 按照圖紙標注直徑替電鑽安裝合適的鑽頭，在孔眼的位置鑽孔，確認所有孔全部打完。

06 用合適型號的鑿刀分別對部件進行修整，並根據圖紙尺寸製作出凹槽。

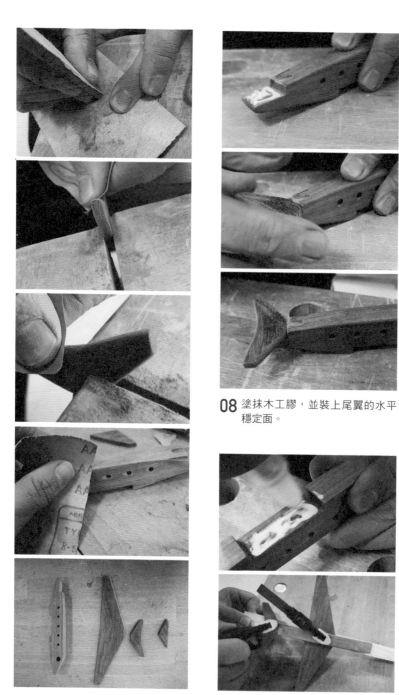

08 塗抹木工膠，並裝上尾翼的水平
穩定面。

07 使用240 #的砂紙分別進行研磨，
直至表面光滑無毛刺。

09 繼續塗抹木工膠並裝上機翼。

10 選擇合適的夾具進行組裝。

11 使用濕毛巾擦淨多餘的膠水,靜置24 小時後,將夾具折下。下面步驟需要一款修補黏合膠。

12 先把膠水塗抹到水平穩定面的結合面,再把尾翼安裝在上面。

13 對準結合部位噴霧。稍微用力按壓10～15 秒鐘,即可黏接完成。

這款修補黏合膠在常溫下可以快速固化(10 ～ 15 秒鐘),使用非常便捷,黏合力強。可以黏接各類木材、人造板、塑膠等。施膠時一定要確保施膠面平整、光滑、無灰塵,才能使膠發揮最大強度。

Note ────────

• 飛機尾部是上翹的,不容易夾持。可以在飛機下面墊木塊,形成夾持平面,方便組裝。

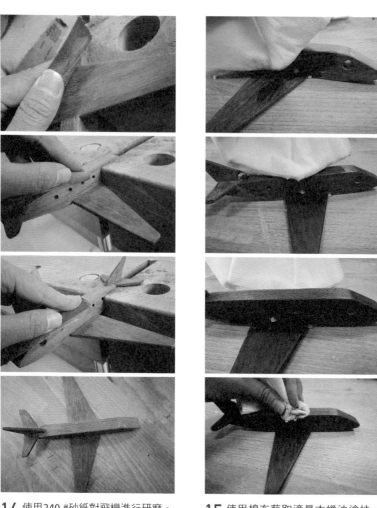

14 使用240 #砂紙對飛機進行研磨。

15 使用棉布蘸取適量木蠟油塗抹。
塗抹完使用乾布擦除多餘木蠟
油，並放置一段時間，靜待木蠟
油被木材吸收完全。

Note

● 研磨時，根據需要隨時調整夾持的位置，方便進行研磨。若使用金屬台鉗進行夾
　持，應當墊木塊以保護工件不受損傷。

蝸牛

米寶的手工材料包裡有一隻小蝸牛，
我們一起把它貼在牆上，但是總會掉下來。
米寶說：媽媽我想要木頭的蝸牛。
好主意，全家人立馬齊上陣。

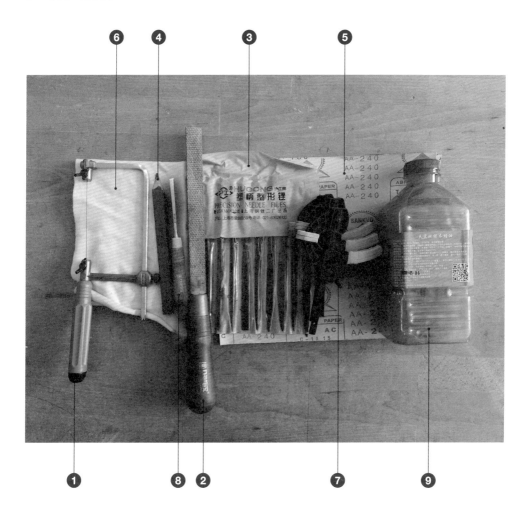

準備工作

【工具和材料】

1 線鋸一把

2 平板銼一把

3 鑽石銼刀組一套

4 木工鉛筆

5 砂紙（80 #、120 #、240 #、320 #各一張）

6 棉布一塊

7 小號木工夾3 個

8 鑿刀一把

9 蜂蠟或木蠟油少許

其他：木料深色、淺色各一塊，木工膠

⌂ 製作步驟

01 選取木料一塊，在上面繪製出蝸牛的形狀。

02 將木料固定好，沿繪製曲線進行切割，注意留適當空間。

03 使用銼刀進行修整。

04 曲線部分注意根據形狀更換合適的銼刀進行修整。

05 修整後，用砂紙研磨至光滑。研磨步驟可參見前文案例。

Note ————————————

• 本例提供圖紙。

06 選取另外顏色的木料繪製蝸牛殼的形狀，並使用線鋸鋸出形狀。鋸製過程同前面案例步驟，可參照。

08 使用砂紙進行研磨。

07 使用雕刻刀或小號鑿刀進行修整。

09 塗抹適量木工膠，將蝸牛殼黏到蝸牛身體上。

10 使用夾具夾緊,並將溢出的膠水擦乾淨,放置24 小時以上。

11 拆除夾具,使用砂紙研磨,並塗抹木蠟油進行表面處理。

成品
展示

我的木工初體驗

夾心餅乾

準備工作

【工具和材料】

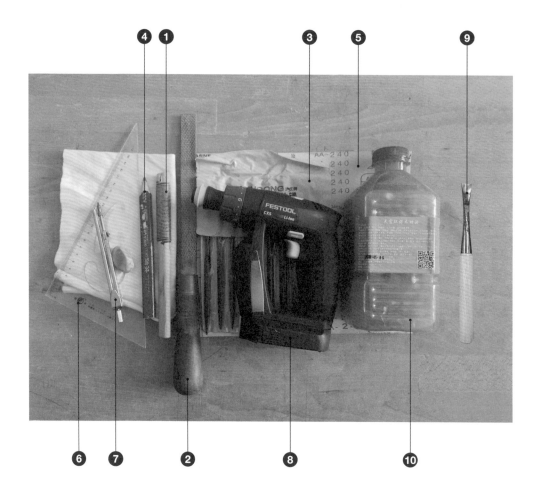

① 寬齒銼刀一把

② 平板銼一把

③ 鑽石銼刀組一套

④ 木工鉛筆

⑤ 砂紙（180＃、240＃各一張）

⑥ 角尺一把

⑦ 圓規

⑧ 電鑽一把

⑨ 小號圓弧刀一把

⑩ 食用油或木蠟油少許

其他：木工夾、黑胡桃木（50mm×50mm×3mm，可用紫光檀等深色木材替代）、櫸木（可使用松木等淺色木材替代），六角柄鑽或磨針，乳白膠。

⌄ 製作步驟

01 取出事先準備好的木料，按照3個一組排列好。

02 在上、下兩層木料上塗抹適量的白膠，然後疊放在一起。

03 使用夾具進行夾緊，固化24 小時。臺鉗、木工夾、工作臺都可以進行夾持，並不拘泥於何種夾緊形式。

04 靜置24 小時後，將夾具拆開。

Note ───────────

• 中間兩塊接觸面沒有塗膠，所以不用擔心兩塊餅乾會黏在一起。

05 使用鉛筆、尺子繪製出木塊的對角線，找到兩條對角線的交點。

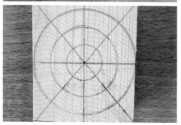

06 以交點為圓心，用圓規畫圓，然後三等分，依次畫圓形。

07 電鑽安裝好六角柄鑽或者磨針，在各個交點處鑽淺孔。孔深控制在2～3mm。

08 使用寬齒銼刀將木塊的棱角除去，並用180#或240 #的砂紙進行研磨（砂紙研磨可參照前文）。

09 使用三角銼在各直線與外圓的交點處製作出小缺口。

10 使用雕刻刀或小號圓弧刀製作出夾心部分的內凹弧線。

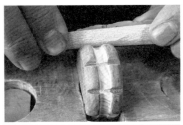

12 使用180 #或240 #的砂紙進行研磨。凹槽部分，使用銼刀裏上砂紙進行研磨，直至餅乾研磨至光滑無砂痕。

11 使用圓形銼刀修整內凹弧線。

13 塗抹木蠟油。

⤙⤙⤙ 魯班鎖 ⤙⤙⤙

準備工作

【工具和材料】

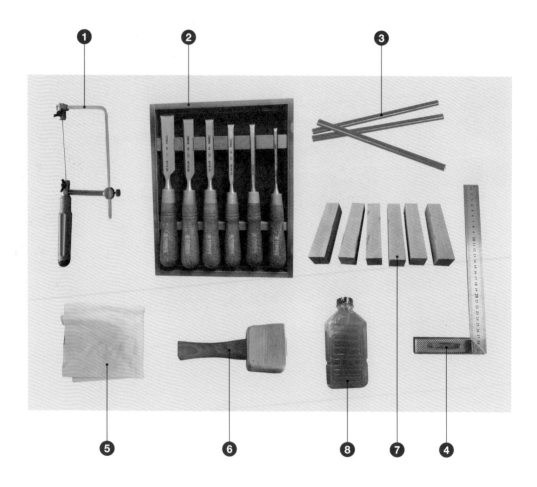

1 線鋸一把

2 鑿刀組

3 木工鉛筆

4 角尺一把（或T型畫線尺）

5 棉布一塊

6 木槌一把

7 100mm×20mm×20mm 木料6 根

8 木蠟油少許

其他：砂紙（240 #、320 #各一張）

⛏ 製作步驟

01 取出事先準備好的木料6根，尺寸
為100mm×20mm×20mm。

畫線時，需要鋸切掉的
部分可以用"X"標識。

02 根據本書提供的圖紙尺寸，使用
畫線尺分別畫線。

深度10

03 使用夾背鋸或線鋸，根據畫線位置開始鋸切。

Note ————

• 鋸切時一般要"留線"，保留一定的空間，防止切過頭。

• 除了使用線鋸加工，還可以使用鑿子進行加工。讀者可以自行選擇適合自己的工具。

04 使用鑿刀進行修整。

05 其他部件按照圖紙，使用同樣的方法加工。

我的木工初體驗

06 使用鑿刀進行進一步修整。

07 全部修整完成。

08 使用240 #、320 #砂紙依次開始
研磨所有工件。

09 研磨完畢,用棉布蘸取適量木蠟油塗抹工件表面。

A

B

C

D

E

F

10 做好之後按照 A～F 順序安裝。

Note ────────────

• 塗抹木蠟油不僅可以達到保護木料的作用,同時會讓木料色澤更漂亮。

松木折合桌

摺疊好收納的松木折合桌，讓露營野餐增添暖溫與樂趣，無論在室外或室內擺設都剛好。

準備工作

【工具和材料】

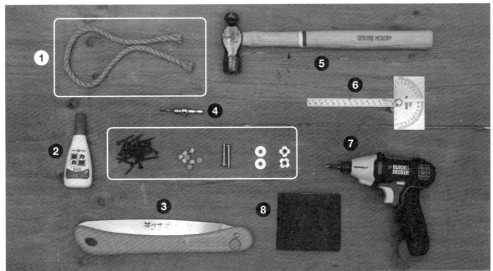

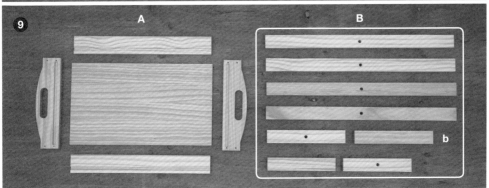

❶ 麻繩、固定用螺絲（黑色）、木塞、旋轉螺母、圓形墊片、腳架固定螺絲。

❷ 白膠

❸ 手鋸

❹ 沙拉刀

❺ 鐵鎚

❻ 角度尺規

❼ 起子機

❽ 砂紙

❾ 材料包內松木木料：

　A.托盤

　B.桌腳

　　b. 原材料包提供桌腳為總長 53cm 穿孔的長木板乙根，此為裁切後樣貌（見桌腳製作步驟 4 ）。

Note

• 特力屋DIY材料包：折合兩用托盤桌

• 貨號：016222670 （全台特力屋門市販售，請依現場實際貨量為主）

製作步驟

托盤組裝

01 將A材料包內的提把溝槽塗上白膠。

02 將托盤長側板溝槽也塗上白膠。

03 將托盤組裝起來。

04 以固定用螺絲（黑色）用起子機固定。

05 鎖上固定用螺絲後會有空洞，將木塞放入並以鐵鎚固定。

Note ─────────

放入木塞前可先放入少許白膠會更牢固。

─────────

桌腳組裝

01 使用角度尺規量42度並畫出腳架斜角線共4支。

02 使用手鋸裁切，共有4根。裁切後示意。

03 四個椅腳尖角處離邊15公分處標示鑽孔位置。

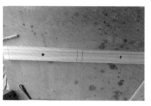

04 將總長53cm穿孔的長木板在置中位置對半切（中間縫2cm）。裁切後兩塊木板尺寸為:22.7cm、26.3cm

05 桌腳支撐架在離邊0.9cm處標示，上下位置各1.5cm處標示鑽孔位置。

06 承步驟5，使用沙拉刀引孔。

07 使用起子機用螺絲固定。

08 承上步驟，有兩個木板需要固定(如圖)。

09 使用鐵鎚將兩個長邊桌腳的內側，以旋轉螺母敲入孔洞固定。

10 將腳架固定螺絲及墊片放入桌腳外側孔洞，不需鎖太緊，可依使用者喜好微調整。完成示意圖（如圖）。

11 將麻繩穿入23cm支撐架的孔洞內。將麻繩打結即完成。

成品展示

Note ——————

材料包/工具哪裡買？

全台特力屋手創空間，還有更多木工課程請洽特力屋手創空間及特力屋玩體驗享生活課程報名網站。

2AF139

我的木工初體驗：
在家動手做療癒木製小物，打造幸福生活器具、飾品、玩具

作者 張付花 / 編輯 單春蘭 / 特約美編 張哲榮 / 封面設計 走路花工作室 / 行銷企劃 辛政遠 / 行銷專員 楊惠潔 / 總編輯 姚蜀芸 / 副社長 黃錫鉉 / 總經理 吳濱伶 / 發行人 何飛鵬 / 出版 創意市集 / 發行 城邦文化事業股份有限公司 / 歡迎光臨城邦讀書花園網址：www.cite.com.tw / 香港發行所 城邦（香港）出版集團有限公司 / 香港灣仔駱克道193 號東超商業中心1 樓 / 電話：（852）25086231 傳真：（852）25789337 / E-mail：hkcite@biznetvigator.com / 馬新發行所　城邦（馬新）出版集團 / Cite (M) Sdn Bhd 41, Jalan Radin Anum, Bandar Baru Sri Petaling, 57000 Kuala Lumpur,Malaysia. / Tel：（603）90578822 / Fax：（603）90576622 / Email：cite@cite.com.my / 印刷 凱林彩印股份有限公司 / 初版一刷 2019 年（民108） 5 月初版一刷 / 定價 420 元

國家圖書館出版品預行編目（CIP）資料

我的木工初體驗：在家動手做療癒木製小物，打造幸福生活器具、飾品、玩具 / 張付花著.
　-- 初版 -- 臺北市：創意市集出版：
城邦文化發行，民108.05
面； 公分
ISBN 978-957-9199-49-0（平裝）

1.木工 2.工藝設計

474　　　　　　　　　　　108004567

若書籍外觀有破損、缺頁、裝釘錯誤等不完整現象，想要換書、退書，或您有大量購書的需求服務，都請與客服中心聯繫。

客戶服務中心
地址：10483 台北市中山區民生東路二段141 號B1 / 服務電話：（02）2500-7718、（02）2500-7719
E-mail：service@readingclub.com.tw

※ 廠商合作、作者投稿、讀者意見回饋，請至：FB 粉絲團 http://www.facebook.com /InnoFair
　 E-mail 信箱 ifbook@hmg.com.tw